Anneliese Hück

Glücksmomente in meinem Garten

Anneliese Hück

Glücksmomente in meinem Garten

Wie ich einen Ort der Kindheit neu entdeckte

benno

Bibliografische Information der Deutschen Nationalbibliothek
Die Deutsche Nationalbibliothek verzeichnet diese Publikation in der Deutschen Nationalbibliografie; detaillierte bibliografische Daten sind im Internet über http://dnb.d-nb.de abrufbar.

Besuchen Sie uns im Internet:
www.st-benno.de

Gerne informieren wir Sie unverbindlich und aktuell auch in unserem Newsletter zum Verlagsprogramm, zu Neuerscheinungen und Aktionen. Einfach anmelden unterwww.vivat.de

ISBN 978-3-7462-6705-0

info@st-benno.de
Umschlaggestaltung: Grit Fiedler, Visulabor GbR, Berlin/Leipzig
Umschlagfoto und sämtliche Fotos: Anneliese Hück
Gesamtherstellung: Kontext, Dresden (A)

Inhalt

Der Garten meiner Kindheit

Der Garten. *Mein* Garten. Ein Ausrufezeichen, zunächst gesetzt, scheint mir auf einmal zu anmaßend, so, als müsste man es sich erst verdienen. Schon das „mein" erscheint ein wenig vermessen. Ja, ich kenne den Garten, seit ich denken kann. Meine frühesten Erinnerungen sind untrennbar mit diesen rund 150 Quadratmetern Boden verknüpft.

Ich habe hier gespielt; die Ameisen beobachtet, die in Windeseile in und aus sandigen Löchern krabbelten und großes Gepäck dabeihatten; oder ich habe einfach gewartet, bis meine Mutter die Johannisbeeren gepflückt, die Gladiolen abgeschnitten oder das Unkraut gejätet hatte. Langweilig war mir an diesem Ort selten. Zumindest habe ich keine Erinnerung daran.

Der Garten. Es ist der Garten meiner Kindheit. Aber eigentlich ist er es auch wieder nicht, denn er

hat sich verändert, ist ein anderer. So wie alle Gärten sich verändern: durch das jährliche Wachsen, Reifen, Ernten, Säen und die winterliche Ruhe. Welch ein Geschenk, schon als Kind den Wandel der Natur so selbstverständlich mitzuerleben. Das Warten auf die ersten Frühlingsblumen, die Frühblüher wie Schneeglöckchen und Märzenbecher, dann die bunten Tulpen und Krokusse, die anzeigen, dass Hoffnung besteht auf längere und wärmere Tage – bis hin zum Herbst, wenn die Blätter fallen und man mit dem Kehren und Rechen des brüchigen Laubes kaum mehr nachkommt.

Einige Blumen, mit denen ich groß geworden bin, vermisse ich schmerzlich. Sie hatten entweder ihr Alter erreicht oder wurden versehentlich zerstört: Die Kaiserkrone, ein farbenfroher Frühlingsbote, nach dem ich jedes Mal erwartungsvoll Ausschau hielt, verschwand vor einigen Jahren aus der Gartenlandschaft. Mit den neu gesetzten Zwiebeln hatte ich bisher nicht den gewünschten Erfolg.

Und dann die bezaubernden „Tränenden Herzen". Bis zum Frühsommer verbreiteten sie Freude, und das gleich in verschiedenen Farben: Weiße, weiß-rote, und weiß-rosafarbene Herzen blühten um die Wette und erfreuten alle Gäste.

Aber nicht nur dieser jährliche und naturbedingte Wandel hat ihn verändert: Es wurde gebaut, ein Teil des Gartens musste weichen. Auch der geliebte Quittenbaum. Ebenfalls eine prägende Kindheitserinnerung: Vater beim Pflücken der samtigen Früchte. Und wir alle bangten jedes Mal, dass er beim Ernten nicht von der – nach unserem Empfinden – recht wackligen Leiter stürzte. Dann das Aussortieren der angestoßenen Früchte; das Kochen

und Einmachen; der süßliche Duft, der die Küche, ja fast das ganze Haus erfüllte. Die Gläser Gelee reichten für ein ganzes Jahr – und für das eine oder andere Glas als Geschenk für meine Tanten. Es gab auch einen Tausch: Wir hatten Apfelquitten, eine meiner Tanten einen Birnenquitten-Baum.

Dann also das Fällen des Baumes und einiger alter Rosenstämme zugunsten des Anbaus. Den Quittenbaum vermisste ich, aber ansonsten hielt sich der Schmerz bei mir in diesen Kindertagen doch in Grenzen. Es war einfach so, und es blieb ja noch ein großer Teil des Gartens übrig.

Außerdem gab es noch einen zweiten Garten, etwas außerhalb gelegen, ein Erbe des Vaters meiner Mutter. Drei Geschwister hatten je ein Gartenstück erhalten. Im mittleren Garten befand sich ein Brunnen, den auch die anderen beiden verwandten Familien nutzen konnten. Hier war auch ein Ort der Kommunikation; man traf sich und erzählte. Meistens nahm mich mein Vater auf dem Kindersitz seines Fahrrades mit, später fuhr ich selbst: mit einem kleinen Fahrrad, dann, als ich älter wurde, immer seltener und mit einem üblichen Damenfahrrad.

Auch hier gibt es frühe Erinnerungen: Ich sehe mich eine Möhre knabbern, frisch aus dem Boden, dürftig mit Brunnenwasser abgespült oder auch nur abgewischt: Am „Delkemer Weg“, wie es ortsüblich hieß, gab es mehr Gemüse als in unserem Hausgarten: Kartoffeln, Bohnen, Erbsen, Spargel, aber auch einige Gladiolen.

Es war ein Fest, wenn sich die ersten Spargelköpfchen durch den Boden drückten, obwohl die Zahl so gering war, dass es nur zur Verfeinerung einer Suppe reichte. Aber es war Gemüse aus dem eigenen Garten! Etwas Besonderes!

Im Hausgarten gab es auch mancherlei Obst und Gemüse: Die roten Johannisbeeren hingen in Fülle

von einem großen Strauch, dann Tomaten mit – für meine Kinderaugen – riesigen Holzstangen gestützt, Kopfsalat und Gurken sowie verschiedene Kräuter für den Salat und zum Einkochen.

Ein früher „Unverpackt-Laden“

Wenn ich mich recht entsinne, waren es vor allem Gurken, Bohnen und die schon genannten Quitten, die meine Mutter in größeren Mengen einmachte.

Aber mit dem Einmachen hatte es in unserer Familie noch eine besondere Bewandtnis:

Meine Mutter betrieb in unserem Haus einen Essig-, Öl- und Senfverkauf. Dazu kam noch das entsprechende Gurkengewürz.

Neben dem Toreingang prangte ein großes ockerfarbenes Metallschild mit geschwungenen Rändern, das auf diesen Umstand hinwies und bereits vor über 50 Jahren Fremde staunend vor dem Haus stehen bleiben ließ.

Meine Mutter hatte das „Essig-Geschäft“ von einer alten Dame übernommen, die früher – noch gemeinsam mit ihrer Schwester – den Essig auch ins Nachbardorf lieferte. Das Bild ist mir so präsent, dass es wohl in meinen Kindertagen auf einem der seltenen Fotos aus dieser Zeit dargestellt gewesen sein muss: Anna und Elise, so hießen die Schwestern, ziehen eine Art Bollerwagen, auf dem ein Essigfass liegt. Was für eine mühselige Arbeit: Ein Fass mit 20 oder 30 Litern Essig rund 5 Kilometer weit hinter sich herzuziehen …

Da hatte es meine Mutter schon ein wenig leichter. Aber den Weinessig aus vollen Steinkrügen in Flaschen zu füllen, war auch nicht ganz einfach.

Heute wäre so ein Geschäft hochmodern, ein früher „Unverpackt-Laden“: Der Weinessig kam aus großen angelieferten Fässern und wurde dann mithilfe von alten Essigkrügen in die mitgebrachten Flaschen der Kundinnen und Kunden gegossen. Äußerst umweltfreundlich. Als Kind habe ich dabei noch fleißig „mitgeholfen“. Beim Senf ebenso: Aus großen Töpfen wurde er in mitgebrachte Gläser oder Keramiktöpfchen gefüllt.

Aber wahrscheinlich wäre ein Laden in dieser Form heute aufgrund unzähliger Hygienevorschriften doch kaum möglich.

Die Einmachzeit, vor allem von Gurken, war die Hoch-Zeit unseres Geschäftes. Essig und Gurkengewürz waren dann besonders gefragt – und die kostenlosen Kräuter aus unserem Garten, die Mutter frisch pflückte und auf Wunsch dazulegte. Es gab deshalb im Garten immer eine größere Fläche für Küchenkräuter: Dill, Petersilie, Schnittlauch – die üblichen Gewürze, die damals zum Standard gehörten. Besonders begehrt in der Gurkenzeit war aber Estragon oder, wie es bei uns hieß, Trachant.

Zum Einmachen oder Einkochen gehört auch folgende kleine Geschichte aus meiner Kindheit. Ich nenne sie „Dosenrecycling". Sobald die Bohnenernte anstand, wurden Dosen zum Einmachen benötigt. – Ich kann mich nicht erinnern, dass wir jemals dafür Gläser verwendeten. Für Gurken und Marmelade ja, für unsere Stangenbohnen nein. – Dies hieß für uns damals: die gut gespülten Konservendosen aus dem letzten Jahr mit Mutter ein paar Straßen weiter bringen. Dort hatte eine Frau in einem größeren Raum einige beeindruckende Maschinen stehen. Zumindest mir kamen sie damals ziemlich groß und vielleicht auch ein wenig Furcht einflößend vor. Als ich etwas älter war, durfte ich diesen Gang, bepackt mit mehreren Dosen in einem Weidenkorb, dann alleine machen.

Mit einer dieser Maschinen wurden nun die Ränder abgeschnitten und anschließend die Dosen vorsichtig in den Korb gestellt, damit ich mich nicht schnitt. Nach dem Füllen kam dann die zweite Runde. Die schweren Dosen, nun von meiner Mutter transportiert, landeten wieder in dem geheimnisvollen Raum. Dort wurden sie mit Deckeln bedacht und anschließend durch eine weitere Maschine mit einem großen Drehrad luftdicht verschlossen.

Zwar wurden die Büchsen durch das wiederholte Beschneiden nach jedem Einmachen etwas kleiner, aber sie fanden dafür mehrere Jahre Verwendung. Eine umweltfreundliche und preisgünstige Alternative.

Während der Gurkenzeit war in unserem kleinen Hofbetrieb also Hochsaison. Dennoch blieb meist ein wenig Zeit für ein Schwätzchen – mit meiner Mutter und untereinander. In diesen Jahren waren solche kleinen Geschäfte immer auch Orte des Austauschs und eine Börse für Neuigkeiten. Ganz gleich, ob es sich um spezielle Angebote, um Bäcker- oder Metzgereien oder auch allgemeine Lebensmittelgeschäfte handelte, man traf fast immer jemand, den man kannte. Auch deshalb waren sie wichtig und förderten den Zusammenhalt. (Manchmal musste man aber auch aufpassen, dass aus den Neuigkeiten nicht bösartiger „Tratsch“ wurde.)

So gehörten der Laden mit seinen Gerüchen und der Garten immer ein Stück weit zusammen. Und während sich viele Erwachsene in Gedanken an ihre Kindheit oft an die Advents- und Weihnachtszeit mit ihren besonderen Gewürzen und Düften erinnern, habe ich stets auch den würzigen Geruch von Essig und Senf in der Nase – was ich im Übrigen gar nicht als unangenehm empfinde.

In der Schulzeit, der Ausbildungszeit und den Berufsjahren geriet der Garten für mich in den Hin-

tergrund. Auch jetzt registrierte ich noch die ersten Schneeglöckchen oder den betörenden Duft der drei unterschiedlich farbigen Fliederbäume, aber es war der distanzierte Blick einer Außenstehenden. Ich betrachtete ihn interessiert, ungefähr wie einen Botanischen Garten, den ich während des Urlaubs anschaue, sprich: Der Garten war mir fremd geworden. Was ich aber durchaus wahrnahm: In dieser Zeit veränderte sich sein Aussehen. Die Nutzpflanzen nahmen ab, stattdessen waren es nun überwiegend Blumen und Ziersträucher, die seinen Charakter bestimmten.

Der Garten meiner Bilder

Ja, der Garten war mir fremd geworden, andererseits aber auch wieder nicht. Vielleicht muss ich mich hier ein wenig korrigieren. Zu meiner Erstkommunion hatte ich von der Patentante meiner Mutter einen ganz einfachen Fotoapparat geschenkt bekommen, mit dem ich zunächst einige Schwarz-Weiß-Bilder aufnahm. Fotoabzüge waren damals teuer, und so gab es eine natürliche Beschränkung meiner neuen Leidenschaft. Denn das Fotografieren machte mir großen Spaß. In den 1980er-Jahren legte ich mir dann eine Spiegelreflexkamera zu und begann – neben Urlaubsbildern und Fotos, die ich bei Familien-, Firmen- und sonstigen Feiern machte –, immer mehr Blumen und Pflanzen zu fotografieren. Eine Leidenschaft, die mich bis heute begleitet und deren Resultate auch in diesem Buch festgehalten sind. Zu dieser Zeit gab es noch keine Digitalfotografie. Ich kaufte Filme, mit denen man jeweils maximal 36 Fotos aufnehmen konnte (je nachdem, wie sich der Film per Hand einspannen ließ, gelangen mit einem Film auch schon mal 37 oder gar 38 Bilder), und bezahlte in einem guten Fotogeschäft, in dem ich auch nicht so gelungene Abzüge zurückgeben konnte, für jeden entwickelten Film ein erhebliches Sümmchen. Ein teures Hobby. Aber schon allein die Spannung! Denn wenn ein interessantes

Motiv gefunden und fotografiert war, musste man nun auf das Resultat warten: Waren das Licht, die beabsichtigte Tiefenschärfe bzw. Schärfentiefe und der Ausschnitt auf dem Abzug so, wie ich es mir erhofft hatte?

Der Ausschnitt war wichtig. All das, was sich heute digital mit einer geeigneten Fotosoftware bearbeiten und „schönen“ lässt, musste damals beim Auslösen stimmen.

Es galt zunächst, die Kamera gut zu kennen, um mit den verschiedenen Blenden und Einstellungsmöglichkeiten zu arbeiten. Dann, einen Blick dafür zu entwickeln, welches Motiv wirklich lohnt. Vieles musste berücksichtigt werden, zum Beispiel,

ob da etwa ein unangenehmer Schlagschatten war, der beim Sehen eigentlich keine Rolle spielte, das Bild später aber fast „unbrauchbar" machen konnte. Oder: Wollte ich das verblühte Blatt bewusst auf dem Foto haben oder störte es? War die Rose noch in ihrer vollen Blüte oder fing sie doch an den Rändern schon an zu welken? Störte der Hintergrund, weil er von der wunderschönen Blüte ablenkte, oder vertrugen sich gar die Farben nicht?

Der Garten mit seinen Pflanzen barg das ganze Jahr über einen großen Schatz an Fotomotiven, den ich viel zu wenig nutzte, weil ich nicht mehr allzu häufig die alten eingefassten Wege entlangging. Aber wenn ich eine der seltenen Fotosafaris durch die häusliche Botanik machte, wurde ich in der Regel reich belohnt. Und quasi nebenbei erhielt ich einen besonderen Blick auf den Garten. Gerade weil ich ja nicht wie im digitalen Zeitalter einfach drauflosknipsen konnte, um dann, bei Nichtgefallen, sofort wieder alles zu löschen, bekam ich einen anderen, einen sorgfältigen Blick auf die Dinge und auf die Details. Natürlich nährte das auch ein wenig die Gefahr, alles nur noch unter dem Gesichtspunkt eines optimalen Bildmotivs anzuschauen. Dennoch: Ich glaube, der Wert eines besonders intensiven und detailreichen Sehens überwiegt. Und wenn es gelingt, diesen Blick für Details auch ohne Kamera in der Hand zu bewahren, ist dies ein Geschenk.

Der Garten meiner Eltern

Aus ihren Erzählungen weiß ich, dass meine Eltern zu ihrer Hochzeit ein Ferkel geschenkt bekamen – ein für das Nachkriegsjahr 1946 unglaublich wertvolles Geschenk. Am Rande des Gartens gab es früher einige kleinere Ställe mit Hühnern, an die ich mich noch vage erinnere. Ob auch das „Hochzeitsferkel" hier irgendwo seinen Platz hatte? Besser erinnere ich mich an einen Hasen, der später dort sein Zuhause fand. Ein entfernter Verwandter schenkte ihn uns an einem Ostermontag. Also ein wahrer Osterhase, der uns und mir als Jüngster lange Zeit viel Freude bereitete. Unter Aufsicht durfte er auch öfter frei im Garten laufen. Woran ich mich allerdings nicht mehr entsinne, ist, wie wir ihn danach wieder einfangen konnten. Vielleicht mit einem leckereren Salatblatt aus dem Garten oder einer Möhre?

Tiere gehörten, Gott sei Dank, zu meiner Kindheit und eigentlich zu meinem ganzen Leben. In unserer Familie gab es Kanarienvögel und Wellensittiche, dann einmal zwei Fische und natürlich Katzen: die erste Minka, als ich im Kindergarten und Grundschulalter war, fast schwarz und eher ein „Stubentiger“, obwohl sie natürlich auch im Garten unterwegs war, und nun Minka, zugelaufen und sehr freiheitsliebend. Unsere Katzen heißen ganz selbstverständlich immer Minka. Es ist sozusagen ihr Familienname.

Minka war der besondere Liebling meines Vaters. So wie kleine Kinder sehr schnell herausfinden, wie sie das bekommen, was sie wollen, hat das auch die kleine Katze sehr schnell gemerkt und es mit Erfolg zu ihrem Vorteil genutzt. Und sie hat bis heute ihre Lieblingsplätze verteidigt. In den wärmeren Monaten wechselt sie mehrmals am Tag

ihren Platz im Garten. Es gibt bestimmte schattige Stellen, die sie bei Hitze meistens aufsucht. Wenn es etwas kühler wird, folgt sie der Sonne und nutzt gegen Abend noch die letzten Quadratmeter warmen Bodens.

Als meine Eltern älter wurden, gab es wieder eine Veränderung. Nicht mehr jede kleine Unkrautpflanze musste weichen, und die penible Ordnung wurde ein wenig aufgelöst. Mir gefiel das besser als die akkuraten Reihen mit Tulpen, Gladiolen und Dahlien. Das Ganze nahm mehr die Form eines „Bauern-“ oder „Naturgartens“ an. Womit sich mein alter Vater, der nun nicht mehr viel selbst gärtnern konnte, nur schwer abfand, traf jetzt eher meinen Geschmack.

Der Garten war meinem Vater immer wichtig: Dessen Zustand und das Wohl der uns vor Jahren zugelaufenen Katze waren mit das Letzte, was ihn im Krankenhaus bis kurz vor seinem Tod noch interessierte. Dennoch war es eine etwas merkwürdige Beziehung, die er zu seinem Garten hatte. Bis heute ist mir nicht ganz klar, ob es ihm wirklich um den Garten selbst ging oder darum, ihn im Sinne seiner Jahre zuvor verstorbenen Frau instand zu halten und zu pflegen.

Meine Mutter liebte den Garten. Sie war in einer „Bauernfamilie" groß geworden und war gerne an der frischen Luft. Sie kannte die Namen der Pflanzen, wusste, wann wie was gesetzt und geschnitten werden musste – zu einer Zeit, als man sich noch nicht alle nötigen Informationen leicht

über Bücher und Zeitschriften oder übers Internet besorgen konnte.

Sie war pedantisch hinter jedem Pflänzchen her, das nicht an seinem richtigen Platz war. Der Garten war für meine Mutter „Passion", für meinen Vater vor allem Instandhaltungsarbeit. Was aber nicht heißt, dass er sich nicht auch darüber freute, wenn seine Arbeit Früchte zeigte.

„Setz dich doch einmal in deinen Garten, und schau dir die schönen Blumen an", so sagte ich ihm in regelmäßigen Abständen. Und eigentlich immer kam die Antwort: „Wie kann ich mich denn einfach hinsetzen, solange im Garten noch so viel zu tun ist." – Ein Schaffer, kein Genießer!

Der Garten des Lebens

Und jetzt habe ich diesen Garten von meinem Vater geerbt. Schon aus diesem Grund ist nun alles anders. Es ist – zumindest rechtlich gesehen – *mein* Garten.

Als ich das erste Mal nach dem Tod meines Vaters über die kleinen mit alten Steinen gepflasterten Wege ging, merkte ich die Veränderung: Meine Beziehung war jetzt eine andere. Natürlich hatte das auch mit Trauer zu tun. Es war immer ein Ereignis, wenn Vater es mit seinem Rollator noch schaffte, bis zur ersten nicht mehr zu bewältigenden Stufe zu laufen, um die Frühlingsblüten, die Rosen und Sonnenblumen oder später im Jahr die Dahlien und Astern zu bewundern. Und es gab immer Ratschläge, was nicht in Ordnung war

und unbedingt noch getan werden musste. An all das erinnerte und erinnere ich mich bis heute, wenn ich diesen Garten sehe.

Aber jetzt, so spüre ich, ist es anders: Ich habe eine Verantwortung dafür, dass es den Pflanzen gut geht. Der häufig zitierte Satz von Antoine de Saint-Exupéry ist sofort präsent: „Ich bin für meine Rose verantwortlich." Aber ich bin jetzt nicht nur für eine Rose, ich bin für mehrere Rosensträucher, für Fliederbäume und Forsythienbüsche, für Tulpen und Narzissen, für Gladiolen und Dahlien, ja sogar für Christrosen verantwortlich.

Ich habe eine ganze Reihe von Interessen, der Garten gehörte bisher eigentlich nicht dazu. Und ich habe keine Lust, mich jetzt durch Berge von Gartenbüchern und zahlreiche relevante Internetseiten zu lesen. Ich kenne weder die Namen aller Pflanzen noch weiß ich, ob es sich im Einzelfall um Zierpflanzen oder um „Unkraut" handelt. Kurz: Ich habe etwas Angst vor dem, was mich hier erwartet.

Es war Juli – der heißeste Sommer seit langer Zeit, der Boden völlig ausgedörrt. Das Gießen und Spritzen kam mir vor wie ein Tropfen auf dem heißen Stein. Ich befürchtete, dass die allermeisten Pflanzen diesen Sommer nicht überstehen würden. Erdbeeren, die seit mehreren Jahren wie durch ein Wunder immer wieder neu austrieben, lagen jetzt braun und völlig verdorrt auf dem Boden. Wir nannten sie nicht „mehrjährige“, sondern „immerwährende Erdbeeren“. Aber jetzt würde sich wohl zeigen, dass auch das „immer“ endlich sein kann. Erdbeeren haben keine tiefen Wurzeln. Das lebensnotwendige Wasser, das ich ihnen mit dem Schlauch zukommen ließ, konnte kaum noch in den völlig verdorrten Boden einziehen.

Auch die Pfingstrosen (Päonien), im Mai in Rot und Weiß und einem zarten Rosa an verschiedenen Orten im Garten blühend, waren mittlerweile ebenfalls bedenklich braun. Zum ersten Mal fühlte ich mich persönlich verantwortlich für

das, was da wuchs, und gleichzeitig hilflos dieser Hitzewelle ausgeliefert. Wochenlang lagen die Temperaturen deutlich über 30 Grad, und ich erinnerte mich an meine Kindheit, als es manches Mal hieß: Das Spritzen der Gärten ist verboten. Das Wasser wird knapp. Ich befürchte, wenn der Grundwasserspiegel in verschiedenen Gebieten Deutschlands weiter sinkt, kann diese Kindheitserinnerung auch in unserer Zeit wieder häufiger zur Realität werden.

Trotz Wohnraumknappheit haben Gärten in den Innenstädten eine bedeutende Aufgabe. Hier finden Bienen und andere Insekten noch einen Lebensraum, der ihnen das Überleben sichert. Es wird ja mit Recht immer häufiger darauf hingewiesen, wie wichtig diese kleinen Tiere auf Dauer auch für das menschliche Leben sind.

Diese ersten Monate, in denen ich für den Garten verantwortlich war, ließen mich ziemlich ratlos zurück. Zum einen wegen der wochen-, ja monatelangen Hitze, zum anderen, weil ich nur wenig Zeit hatte, mich mit dem Garten zu beschäftigen. Das Versorgen mit Wasser musste momentan reichen.

Was ich aus meiner Kindheit noch in Erinnerung hatte oder vom Zusehen und Erzählen wusste, tat ich in den Herbsttagen für den Garten. Die frühere Haushaltshilfe meines Vaters, von ihm zur „Hilfsgärtnerin“ ernannt, die seinen Anweisungen pedantisch Folge zu leisten hatte, als er selbst nicht mehr in den Beeten arbeiten konnte, half mir da und dort mit Tipps und handfester Arbeit. Das bedeutete konkret: von den kräftigsten Tagetes oder „Studentenblumen“, wie sie bei uns hießen, Samen aufbewahren, um dann im Februar oder März neue Pflänzchen zu ziehen. Doch davon später. Zwischendurch galt es, die verwelkten Blüten und abgestorbenen Pflanzenteile zu entfernen. Gladiolen- und Dahlienknollen wurden ausgegraben und für das nächste Jahr gelagert. Spätestens wenn der Garten „winterfest“ sein sollte, also etwa im November, musste das alles erledigt sein.

Tulpenzwiebeln blieben nach meiner Erinnerung bisher immer in der Erde. Und auch die uralten Rosenstämme wurden nicht besonders geschützt. Nur ein junges Rosenbäumchen, dessen kleine Blüten im Sommer viel Freude gemacht hatten, bekam für den Winter ein „Sackmäntelchen“ an, das es etwas schützte, ihm aber nicht den Atem nahm.

Da und dort, wo ein größeres Stück brach lag und – soweit bekannt und durch vorsichtige Versuche erspürt – keine Knollen oder Zwiebeln in der Erde versteckt waren, die man hätte zerstören können, habe ich die Erde umgegraben und sie aufgelockert. Ich wollte ihr den Winterschlaf erleichtern und ihr Zeit zur Erholung geben.

Aber würde sich der Garten über die Wintermonate erholen können? Steckte noch genügend Kraft in ihm, bzw. würde er in den eisig kalten Monaten genügend Kraft sammeln können, um wieder Leben hervorzubringen? Würde ich ihn noch erkennen, also die gewohnten und teilweise schon lieb gewonnenen Pflanzen finden, wenn er seine Ruhezeit beendet hätte und es Zeit war, neues, gewandeltes Leben hervorzubringen?

Jetzt musste er sich selbst helfen – und er tat es!

Der Garten der Hoffnung
Frühling

Je länger sich die kalte Jahreszeit hinzieht, in der die Tage trist und kurz sind, desto mehr wächst die Sehnsucht nach dem ersten Grün und den ersten milden Frühlingstagen.

Das war schon während meiner Kindheit so, und so ist es noch heute: Die Blicke in den winterlichen Garten werden erwartungsvoller. Die Suche nach dem ersten zarten Grün, das sich – noch kaum erkennbar – durch die Erde oder gar durch den verschneiten Boden drückt, beginnt. Es sind die schon genannten Frühblüher wie Schneeglöckchen oder Krokusse, die es wagen, dem Winter den Kampf anzusagen, und das neue Gartenjahr einleiten.

Auch wenn es heute bereits kurz nach Weihnachten in den Blumenläden und Supermärkten Frühlingsblumen zu kaufen gibt: Es bleibt doch ein Wunder, dieses neu erwachende Leben im eigenen Garten zu bestaunen.

In den nächsten Tagen und Wochen ist alles möglich: winterliche oder frühlingshafte Tage, Sonnen-, Schnee- oder Regentage. Krokusse in Gelb und Violett, weiße Schneeglöckchen und Märzenbecher, gelbe Narzissen und helle Osterglocken. Immer früher findet man die blauen Traubenhyazinthen, die ersten Primeln und Tulpen, ebenfalls in vielerlei Farben und Sorten. Dazu die üppigen Forsythiensträucher. Das Leben wird bunt. Die Natur explodiert geradezu.

Aber dann unter Umständen noch einmal Schnee, der an die bestehende Winterzeit erinnert und daran, wie fragil und anfanghaft alles noch ist. Zu starker Frost, der ja durchaus noch kommen kann, lässt nicht nur die Obstbauern bangen.

Ich erinnere mich noch gut an die eine oder andere Ostereiersuche aus meiner Kinderzeit. Und an die Jahre, in denen dabei noch Schnee lag.

Es war überhaupt immer ein Bangen, ob das Wetter die Eier- und Süßigkeitssuche im Garten erlauben würde. Innerhalb der Wohnung machte es einfach nur halb so viel Spaß.

Und immer gab es Lacher, wenn wir oft Jahre später im Garten noch ein nicht mehr genießbares buntes Osterei fanden. Oder in der Wohnung ein Schokoladenei, dessen Versteck so gut war, dass wir Kinder es nicht fanden und es offenbar auch dem „Osterhasen“ entfallen war.

Beides kam vor.

Der christliche Auferstehungsglaube und die neu erwachte Natur mit ihrer farbenfrohen Fülle sind in unseren Breiten eine untrennbare Symbiose eingegangen. Ostern ist auch zu einem „Blumenfest“ geworden. All die genannten Pflanzen, hübsch dekoriert in Vasen oder Blumentöpfen, helfen, die winterlichen Gedanken zu vertreiben. Ostern – ein Fest der Auferstehung und des neuen Lebens.

Ein Osterspaziergang gehört nicht nur bei Goethe zur Tradition dieses Festes. Wie grün oder gar bunt sich die Natur dabei zeigt, hängt auch mit dem jeweiligen Ostertermin zusammen. Das gilt gleichermaßen für die frühlingshafte Blumenpracht des Gartens.

Denn rein rechnerisch kann Ostern zwischen dem 22. März und dem 25. April liegen.

Die Zeit zwischen den ersten zaghaften Keimen, dem fast nur ahnbaren Grün an den Rosenstöcken und Bäumen und der sich üppig entfaltenden Natur vergeht mir manchmal ein wenig schnell. Zu lang war die Ruhephase. Man möchte die ersten

Hoffnungsträger erst tief in sich ankommen lassen, ebenso wie die Vorfreude auf Sonne, Licht und Wärme.

Aber meist geht alles dann sehr rasch. Nicht nur die Osterglocken und die kleinen blauen Hasenglöckchen läuten das Frühjahr ein, auch die Gemswurz leuchtet mit ihren gelben Strahlenblättern, als hätte die Frühlingssonne ihre Kinder zur Erde gesandt. Und bald schon werden auch die robusten Mahoniensträucher mit ihren gelben kleinen Blüten um die Wette leuchten. Das Erwachen der Natur kann man fast im Zeitraffermodus erleben.

Im Garten meiner Kindheit gab es fast ausschließlich gelbe und rote Tulpen, bestenfalls noch einmal ein etwas zarteres Rot oder Rosa und einige weiße Blüten. Mittlerweile gibt es sehr viele verschiedene Züchtungen im Angebot. Von einfarbigen bis zu gesprenkelten Sorten mit eher runden oder gefransten Blüten. Die Auswahl ist groß und vielfältig, von klassisch bis stylisch. Der Fantasie sind fast keine Grenzen gesetzt.

Aber es bleiben auch ein paar Fragezeichen.

Es hat zwar schon immer neue Züchtungen und neue Sorten gegeben, aber auch hier ist es wie in anderen Lebensbereichen: Nicht alles, was machbar ist, ist damit auch schon besser. Mittlerweile

müssen Obst und Gemüse mit Duftstoffen „aufgepeppt“ werden, um noch an die wohlriechenden Produkte aus dem Garten zu erinnern. Auch die meist importierten und über größere Entfernungen für den hiesigen Markt angelieferten Rosen duften erfahrungsgemäß nur noch selten.

Und: Nimmt uns diese Verfügbarkeit von allem nicht auch die Freude am Besonderen? Denken wir an die Lebkuchen im September oder an die Obst- und Gemüsesorten. Sie müssen um die halbe Welt transportiert werden, damit wir sie zu jeder Jahreszeit auf dem Tisch haben. War es nicht doch schöner, als man das Weihnachtsgebäck an Weihnachten genoss oder bestenfalls an Nikolaus? Und die Vorfreude auf die ersten frischen Erdbeeren ist für viele ebenfalls verloren gegangen. Wie gut, dass es noch eine begrenzte „Spargelzeit“ gibt – dachte ich –, bis ich dann im Oktober als Sonderangebot einer Lebensmittelkette fand: Spargel aus Peru.

Ich erinnere mich an einen Bekannten, der schon einige Jahre in einem Haus auf den Kanaren wohnte, nahe am Meer. Bei einem Besuch konnte ich auf seinem Balkon einen wunderbaren Sonnenuntergang erleben. Wie schön muss es sein, einen solchen Anblick fast täglich erleben zu dürfen!

Doch darauf angesprochen, erhielt ich die Antwort: „Ja, das ist richtig, aber wenn man immer hier lebt, bemerkt man es kaum noch."

Wenn immer alles verfügbar ist, kann ich das Besondere nicht mehr schätzen. Und der Preis, den unsere Umwelt für diese Verfügbarkeit zahlen muss, ist hoch, sehr hoch, wie wir immer deutlicher und teils schmerzlich erfahren.

Natürlich wird es immer wieder neue und auch dem Boden und dem Klima angepasste Züchtungen geben – und das ist auch gut so. Dennoch: Manchmal ist weniger mehr! Ja, ich gebe es zu: Ich bin hier ein wenig hin- und hergerissen.

Und so freue ich mich dann auch daran, dass es frühe, mittlere und späte Tulpensorten gibt. Darauf hatte ich früher nicht geachtet. Ich hatte zu den vorhandenen einige neue Tulpenzwiebeln gekauft und gesetzt. Und so war ich ziemlich überrascht, als in meinem Frühlingsgarten über mehrere Wochen immer wieder neue Tulpen hervorschauten und schöne Farbakzente setzten.

Ich merke, dass mir ein Garten, der nicht alle professionellen Möglichkeiten des modernen Gartenbaus nutzt, mehr entspricht. So erscheint nicht alles plan- und machbar. Ich kann ihn intensiver erleben. Er hat eine persönliche Geschichte, und er ist immer für Überraschungen gut. Es besteht eine Beziehung zwischen ihm und mir.

Ab März lässt sich noch eine weitere Farbe im Garten entdecken: Ganz zaghaft zeigen sich jedes Jahr treu die kleinen violetten Blüten des Veilchens, meist um Büsche oder Rosenstöcke oder versteckt zwischen Bodendeckern.

Hier erinnere ich mich an eine langjährige Tradition in unserer Familie: Solange mein Vater sich noch tief genug bücken konnte, pflückte er immer zum Geburtstag einer alten Freundin ein erstes

kleines Veilchensträußchen. Selbst wenn es nur wenige Blumen waren, die zu dieser Zeit schon gepflückt werden konnten: kein Geburtstagsbesuch ohne Veilchen. Später musste ich dann das Pflücken übernehmen, der Rest war jedoch Vaters Sache. Notfalls umgab er die wenigen zarten Stiele mit üppigen Blättern und band das Sträußchen dann mit einem Faden zusammen. Der kleine, betörend duftende Geburtstagsgruß war für das alte Ehepaar, das selbst keinen eigenen Garten hatte, ein ganz besonderer Frühlingsbote.

Und wenn ich es bedenke, ich habe noch keinen Laden entdeckt, in dem man solche Mini-Sträußchen kaufen kann.

Veilchen sind typische Frühlingsblumen und haben mit ihrem Duft und ihrem „bescheidenen Auftreten“ schon immer einen festen Platz in den Texten vieler Dichter. So haben Heinrich Heine, Eduard Mörike oder Johann Wolfgang von Goethe sie in ihren Versen unsterblich gemacht:

Und mein liebes Veilchen blüht.
Wie's vor lauter Freude weinet!
Freut sich, dass die Sonne scheinet!
Schmetterlinge, fliegt herbei,
Sagt ihm doch, wie schön es sei!
Johann Wolfgang von Goethe

Frühling lässt sein blaues Band
Wieder flattern durch die Lüfte;
Süße, wohlbekannte Düfte
Streifen ahnungsvoll das Land.
Veilchen träumen schon,
Wollen balde kommen.
Horch, von fern ein leiser Harfenton!
Frühling, ja du bist's!
Dich hab ich vernommen!
Eduard Mörike

Und der Vers „Sei wie das Veilchen im Moose, sittsam bescheiden und rein, und nicht wie die stolze Rose, die immer bewundert will sein" findet sich noch in meinem alten Poesiealbum.

Während die Freude an dem erwachten und farbenfrohen Garten täglich mit jeder weiteren Entdeckung wächst, beginnt bereits die Arbeit und das vorausschauende Sorgen für die nächsten Farbtupfer im Garten: Im Februar, spätestens im März sollte mit der Anzucht der Tagetes, der Studentenblumen, begonnen werden.

Ab nun erweitert sich mein tägliches Morgenritual. Nach dem Fensteröffnen und dem Füttern der Katze mit den dazugehörigen Schmuse- und Streicheleinheiten gehört in den folgenden Wochen auch das Besprühen der Samen in den Aufzuchtschalen und der Transport an ein sonniges Plätzchen dazu. Abends erfolgt dann der Rücktransport in einen geschützten Raum.

Bereits nach wenigen Tagen steigt die Erwartung beim morgendlichen Blick auf das braune Erdreich im Anzuchtgefäß. Ist schon etwas zu erkennen? Drückt sich irgendwo schon ein kleiner grüner Punkt durch die Erdkrumen hindurch? Und: Wie viele Samen haben es wohl geschafft? Ist es notwendig, noch eine zweite oder gar dritte Schale hinzuzunehmen? Manches Mal ist es im Laufe des Tages nötig, den Standort ein wenig zu verän-

dern: der Sonne folgend, weil die Samen sonst zu wenig Wärme bekommen, oder, nach dem Pikieren, auch umgekehrt. Denn die zarten Stängel mit ihren wenigen kleinen Blättchen sind noch sehr empfindlich, und die Sonne hat möglicherweise schon genügend Strahlkraft, um sie verwelken zu lassen.

Jede Familie hat Traditionen und Rituale. Einige sind in gesellschaftliche oder religiöse Ereignisse und Feiern eingebettet, andere haben sich im Laufe der Jahre und vielleicht mehrerer Generationen in der Herkunftsfamilie entwickelt. Wieder andere sind in der eigenen Familie entstanden oder wurden dorthin übernommen. Das Züchten der Studentenblumen ist für mich eine solche Tradition. Mein Vater hat sie vor mir schon jahrzehntelang gepflegt. Für ihn waren die gezüchteten Pflanzen „fetter", also größer und widerstandsfähiger, als die gekauften Exemplare. Aber er züchtete sie nicht nur für sich selbst, sondern er verschenkte sie auch an Freunde und Verwandte für Balkon und Garten. Beim Abholen gab es dann immer ein kleines „Schwätzchen" – und natürlich mussten die in diesem Jahr besonders gelungenen Exemplare bewundert werden.

Als mein Vater starb, habe ich engeren Freundinnen und Freunden oder Verwandten nach der Beisetzung jeweils eine Tagetes überreicht – die letzten, die er selbst noch gezüchtet hatte. Es gab im Laufe des Sommers immer wieder Rückmeldungen, wie schön sich die Pflanzen entwickelt hätten und dass man so immer wieder an den Verstorbenen erinnert würde. – Ein Abschiedsritual.

Auch wenn die Anzucht von Tagetespflänzchen eigentlich recht einfach ist, sind diese Wochen der täglichen Begleitung von der Aussaat und dem Pikieren bis zum Aussetzen der kleinen Pflanzen im Garten doch immer etwas Besonderes. Zum einen, weil sie Teil der Familien-Erinnerung sind, zum anderen, weil hier in einer Art Mikrokosmos das geschieht, was letztlich auch für den gesamten Garten gilt: Ich lernte und lerne immer wieder eine spezielle Form von Fürsorge für diese Pflanzen. Jeden Tag zu beobachten, wie ein weiteres kleines Pflänzchen versucht, sich durch die angefeuchteten Erdkrumen zu schieben, das ist schon eine besondere Erfahrung. Und ein kleines Erfolgserlebnis. Aber auch umgekehrt: Wenn trotz all der Mühe nur wenige Pflänzchen gedeihen. – Warum nur? Oder wenn ich durch andere Arbeiten abgelenkt, mich zwar daran freue, dass die Frühlingssonne so wunderbar scheint, dabei aber zu spät an die Folgen für das neue Grün denke: Wenn dann die zarten Blätter matt und welk auf der Erde liegen, beschleichen mich Schuldgefühle. Es tut weh, diese hilflosen kleinen Pflanzen anzusehen. Für einen kurzen Moment ist eine besondere Beziehung entstanden, eine Aufmerksamkeit und Fürsorge, wie sie der schon einmal zitierte Antoine de Saint-Exupéry in seinem weltberühmten Buch über den kleinen Prinzen beschreibt, wie wir sie aber auch besonders ausgeprägt von dem großen Heiligen Franziskus von Assisi kennen. Er verstand die Natur als Schöpfung Gottes und als Geschenk an uns Menschen, das wir hegen und pflegen sollen. Wenn er Sonne, Mond, Tiere und Elemente als seine Geschwister besingt, ist das weit mehr als ein verantwortlicher Umgang mit der Natur, um das Überleben der Menschheit zu sichern. Für ihn bezog sich die Nächstenliebe nicht nur auf den Menschen, sondern auf alle Geschöpfe. In seinem „Sonnengesang“ heißt es: „Gelobt seist du, mein Herr, für unsere Schwester Mutter Erde, die uns erhält und lenkt und vielfältige Früchte hervorbringt, mit bunten Blumen und Kräutern.“

Nach dem Aussetzen und Erblühen der leuchtenden Tagetes wirkt der Garten schon fast ein wenig sommerlich. Die orange-roten oder fast dunkelroten Pflanzen sitzen dabei fröhlich nebeneinander.

Sobald die Nächte frostfrei bleiben, ist es Zeit, die empfindlichen Topfpflanzen aus ihrer Winterbleibe zu holen und wieder in Hof und Garten aufzustellen. Zu den alten Pflanzenbeständen gehören auch seit Langem blaue Schmucklilien, die sich durch Teilung in den letzten Jahren erheblich vermehrt haben. Bei dem kräftigen und miteinander verflochtenen Wurzelwerk ein ausgesprochen schwieriges Unterfangen.

Und nun ist es bald Zeit, an die Aussaat der Sommerblumen zu denken. Ebenso warten die ausgegrabenen Knollen darauf, wieder eingesetzt zu werden. Auch Stangen zum Stützen der Dahlien-

stängel liegen bereit. Gerne würde ich darauf verzichten, weil ich die alten Stäbe unschön finde. Aber ich werde den hochwachsenden Pflanzen wieder diese Hilfe bieten, damit sie ihre ganze Kraft in die bunten Blüten einbringen können.

In wärmeren Gegenden schon im April, sonst eher im Mai wird also der Boden für die typischen Blumen von Spätsommer und Herbst bereitet. Und dies nicht nur im übertragenen Sinn. Ob man Sonnenblumenkerne oder Kornblumensamen in die Erde legt oder für Gladiolenknollen Löcher aushebt: Man muss im Frühjahr schon das ganze Gartenjahr im Blick haben, wenn man auch im Spätsommer und Herbst einen artenreichen Garten genießen will.

Nach der farbenfrohen Ouvertüre folgt gleichsam ein Szenenwechsel, ein zweiter Frühling: So setzt der leuchtend orange-rote Goldlack neue Akzente; größere Flächen mit weißen Schleifenblumen bilden farbliche Ruhepunkte, und bei den Pfingstrosen lassen die Knospen schon die späteren Farben Weiß, Rosa und Rot erahnen. Nichts ist neu gepflanzt. Es ist eine wiederkehrende Gabe, die allerdings sorgsam gehütet werden muss. Doch dieses lebendige Bühnenbild birgt noch etwas ganz Besonderes: Es ist Nahrung für alle Sinne. Die Fliederbäume verströmen verschwenderisch ihren Duft über den ganzen Garten, aber auch die kleinen Maiglöckchen brauchen sich nicht zu ver-

stecken. Und dann die frühen Rosen. Ein zarter, unwiderstehlicher Duft.

Ich erinnere mich, dass ich als Kind einmal versucht habe, aus den Rosenblättern eine Art Parfum herzustellen. Ich habe die herabfallenden Blätter gesammelt und wollte ihnen durch Drücken und Quetschen Dufttröpfchen entlocken, um ihren Geruch einzufangen. Es ist mir nicht gelungen. Ich lernte, dass eine Blüte und damit auch ihr Duft vergänglich ist. Vieles im Leben lässt sich nicht „konservieren". Auch deshalb ist es wichtig, den Augenblick zu genießen und im Jetzt zu leben.

Langsam beginnt der Übergang vom Frühlingsgarten in das frühsommerliche Blumenfest.

Der Garten des Überflusses
Sommer

Die Tage werden länger und die Temperaturen steigen. Immer mehr erhält der Garten sein sommerliches Bild. Samen und Blumenzwiebeln, die im Frühjahr dem Boden übergeben wurden, schicken nun nacheinander ihre Triebe an die Oberfläche, und es dauert nicht lange, bis sich der neuerliche Wechsel vollzogen hat. Wieder ist es spannend zu erleben, was von dem Neugepflanzten genügend Kraft gefunden hat zu keimen und zu wachsen. Auch hier kommt man, wie bei so vielen anderen Gelegenheiten im Leben, an die Grenzen des Machbaren. Vieles ist Geschenk und Wunder zugleich.

An Orten, an denen man es gar nicht vermutet hat, wächst ein neuer Busch Phlox heran, eine

Pflanze, die, seit ich denken kann, ihren Platz im Garten hat. Nur ein oder zwei Jahre sah es einmal so aus, als hätte keine der Stauden den Winter überlebt, aber schon im nächsten Jahr waren wieder einige da, und momentan wachsen sie in Weiß, zartem Rot und hellem Violett an verschiedenen Stellen des Gartens. Und auch die farbenprächtigen Kokardenblumen gehören schon zu den Blumen meiner Kindheit; ebenso wie Löwenmäulchen und Rittersporn, die sich seit vielen Jahren auf wundersame Weise im Garten verteilen.

So kann man zu jeder Jahreszeit auf Entdeckungsreise gehen und wird dabei immer Unerwartetes sehen.

In einem Jahr hatten sich im Frühsommer über ein ganzes Beet kleine „Wildblumen“ ergossen, selbst ausgesät und, wie ich fand, wunderschön. Sie blühten in drei Farben, in Weiß, Hellrosa und einem dunkleren Rosa. Ich weiß ihren Namen bis heute nicht – und im darauffolgenden Jahr war kaum noch eine von ihnen zu sehen.

Von Unkraut, Wild- und Heilkräutern

Dieses „wilde Blumenbeet“ hat mich wochenlang erfreut. Ob es eine Art „Unkraut“ war, das ich als (Hobby-)Gärtnerin hätte entfernen müssen? Oder

ob es aus Wildpflanzen bestand, wie man heute eher sagt. Wer entscheidet letztlich, was als „Unkraut“ zu gelten hat oder als „Blume“, die es zu hegen und zu pflegen gilt?

Bei vielen Pflänzchen, die aus der Erde kamen, hatte ich noch ein anderes Problem: Ich wusste zunächst nicht, worum es sich handelte. Also lieber erst einmal stehen lassen und schauen, was sich daraus entwickeln würde! Ausreißen kann man sie noch immer. Für manche so gemachte Entdeckung war ich später dankbar.

Natürlich gibt es Unkraut, mit dem jeder Gärtner und jede Gärtnerin seit jeher zu kämpfen hat. Doch welche dieser Pflanzen unerwünscht ist, kann durchaus unterschiedlich bewertet werden. Und das aus verschiedenen Gründen. Bei einem Ziergarten werden es eher ästhetische Gründe sein, bei einem Garten mit Nutzpflanzen wohl eher wirtschaftliche.

Aber gerade das ästhetische Empfinden ist ja sehr subjektiv und hat sich im Laufe der letzten Jahre auch verändert.

Die Samentütchen mit Wildblumen, die man mittlerweile überall erwerben kann, deuten einen Sinneswandel an. Neben der veränderten Wahrnehmung, die eine Rolle spielt, wird bei Wildblumen auch der Nutzen für Insekten herausgestellt. Und mehr und mehr werden wieder die alten Heilkräuter für das gesundheitliche Wohlbefinden neu entdeckt und erfahren dadurch eine Aufwertung.

Es ist bemerkenswert, wie sich das Empfinden, was gut und was schlecht oder „böse“ ist, verschoben hat.

Kann uns hier der Garten nicht eine Hilfe sein, um zu erkennen: Es ist nicht alles nur schwarz oder weiß, nicht nur „Unkraut“ oder liebenswerte Blume? Es gibt so viel anderes.

Ein besonderes Ereignis und ein weiteres Familienritual war und ist das Binden der „Werzbüsch" – auf Hochdeutsch: Gewürzbüsche oder Gewürzsträuße. Es ist eine alte, etwa tausendjährige Tradition, zum Hochfest „Mariä Aufnahme in den Himmel" am 15. August, volkstümlich „Mariä Himmelfahrt", im Festgottesdienst einen Kräuterstrauß segnen zu lassen. Jetzt, so wusste man, blühen die Blumen am schönsten und duften die Kräuter am intensivsten. Und jetzt sagte man ihnen auch die stärkste Wirksamkeit zu. Denn seit frühester Zeit sind Kräuter und ihre heilende Wirkung für die Menschen aller Kulturen lebenswichtig.

Eventuell gehen die Wurzeln dieser Tradition auf einen alten germanischen Brauch bei einem Erntefest zurück und wurden, wie es häufig bei anderen Festen und Bräuchen der Fall war, später christlich gedeutet. Auch die Legende, dass die Apostel in Marias Grab ausschließlich Blumen und duftende Kräuter fanden, mag bei der Verknüpfung mit dem Marienfest eine Rolle gespielt haben.

Die Segnung der Würzbüschel oder Kräuterbuschen mit ihren Blumen und Heilpflanzen weist auf Gottes gute Schöpfung hin, auf die wunderbare Vielfalt der Natur und ihrer heilenden Kräfte.

Welche Pflanzen zu diesem besonderen Strauß zusammengebunden werden, ist von Gebiet zu Gebiet, ja manches Mal von Ort zu Ort ganz unterschiedlich. Dies vielleicht auch, weil je nach Landschaft und Bodenbeschaffenheit dort nur bestimmte Kräuter und Wildpflanzen wachsen. Oder eben einfach, weil die Tradition eine andere ist.

Auch die Anzahl variiert. Es werden 7, 9, 12, 14, 15 oder gar 24 verschiedene Pflanzen genannt, wobei die Zahl häufig einen symbolischen Hintergrund hat. Dazu gehören zum Beispiel bei neun Kräutern: Johanniskraut, Schafgarbe, Baldrian, Arnika, Königskerze, Kamille, Wermut, Pfefferminze, Tausendgüldenkraut, oder bei fünfzehn: Fünffingerkraut, Glockenblume, Kümmel, Margerite, Eberwurz, Bibernelle, Wermut, Königskerze, Pfefferminze, Weinraute, Liebstöckel, Teufelsabbiss, Mooskolben, Bittersüßer Nachtschatten und Johanniskraut.

Allerdings scheint dieses Wissen um die „richtigen" Kräuter immer mehr verloren zu gehen. Ebenso um die speziellen, teils kuriosen Namen, die den Pflanzen in der jeweiligen Region gegeben wurden. So ist es jedenfalls in unserer Gegend. Traditionell gehörten bei uns folgende Pflanzen zu einem vollständigen Strauß:

Regionaler Name	Botanischer Name
Donnerdistel	Wilde Karde *(Dipsacus fullonum)*
Blutsköpp	Großer Wiesenknopf *(Sanguisorba officinalis)*
Halbe Gaul	Wiesensauerampfer *(Rumex acetosa)*
Beibusch	Beifuß *(Artemisia vulgaris)*
Haddehaar	Jakobskreuzkraut *(Jacobaea vulgaris)*
Ohrmännchen	Blutweiderich *(Lythrum salicaria)*
Oschge	Johanniskraut *(Hypericum perforatum)*
Liebfraubettstroh	Leinkraut *(Linaria vulgaris)*
Rawo	Rainfarn *(Tanacetum vulgare)*

Eine ungewöhnliche und im Einzelfall durchaus fragwürdige Zusammenstellung. Heute werden oft typische Gartenpflanzen eingebunden. Denn längst sind im Umfeld unserer Gemeinde nicht mehr alle Kräuter zu finden, die zum traditionellen Kräuterstrauß gehören. Wo früher an den Ufern der Bäche oder am Rand der Äcker eine Vielfalt von Wildpflanzen zu finden waren, sucht man heute vergeblich. Zudem gibt es immer weniger landwirtschaftlich genutzte Flächen.

Erst in jüngster Zeit werden an Weg- und Ackerrändern zum Insektenschutz wieder bewusst sogenannte Blühstreifen stehen gelassen. Ein Hoffnungsschimmer – auch für die Wildpflanzen und Kräuter.

Schon Tage vor dem eigentlichen Fest begann in unserer Familie die Suche nach den richtigen „Kräutern". Früher fuhr Vater mit dem Rad los, um zu sehen, ob die passenden „Blumen" am Wegrand standen – jeder hatte so seine „geheimen" Orte, an denen die eine oder andere seltenere „Zutat" wuchs. Mit guten Freunden tauschte man sich aus, wo man noch Pflanzen finden konnte, die an den bisherigen Plätzen kaum noch wuchsen. Donnerdisteln wachsen bis heute im Garten und warten darauf, dem Strauß Mitte und Halt zu geben. Ein oder zwei Tage vor dem Fest musste alles frisch gepflückt werden, und kurz vor der Segnung wurden dann die „Werzbüsche“ gebunden.

Immer mehr Freundinnen, Freunde und Verwandte fragten, ob sie nicht auch einen „Werzbusch“ bekommen könnten. Und so wurden es immer mehr Sträuße, deren Bestandteile zunächst gesucht und dann in liebevoller Arbeit kombiniert und gebunden wurden. Oft waren es ein oder zwei Körbe voll, die dann während des Festgottesdienstes gesegnet wurden.

Mit den Jahren entwickelte sich daraus eine weitere Familientradition. Hatte früher in erster Linie mein Vater die Kräuter gesucht und gebunden, begleitete ich ihn in späteren Jahren zu den „geheimen“ Stellen und schnitt für ihn die Blumen ab. Meine Schwester sammelte in einer anderen Region ebenfalls und kam dann kurz vor dem Festtag, um mit Vater die vielen gewünschten Sträuße zu binden. Nach der Segnung warteten manche schon auf dem Kirchplatz, um ihren Strauß in Empfang zu nehmen. Anderen, älteren oder gehbehinderten Freundinnen und Freunden wurde dann der „Werzbusch“ – verbunden mit einem kurzen Besuch – vorbeigebracht.

Ich war eigentlich nie eine besondere Rosenliebhaberin. Natürlich fand ich sie schön in all ihren Größen, Formen und Farben. Aber, wie es im Sprichwort heißt, keine Rosen ohne Dornen.

Bereits als Kind hatte ich Achtung vor den mächtigen Waffen der alten Gewächse. Tatsächlich kenne ich die meisten Rosensträucher schon aus dieser Zeit. Seit ich denken kann, wurden sie einmal im Jahr von einem Gärtner geschnitten – die einzige regelmäßige Arbeit, die immer von einem Fachmann ausgeführt wurde –, vor Jahren

eher im Spätherbst, heute in der Regel im Frühjahr. Manches Mal wurde mir angst und bange, wenn ich sah, wie dabei das schon sprießende neue Leben radikal heruntergeschnitten wurde. Die scheinbar verstümmelten Äste nährten Zweifel: Kann der Strauch wirklich so überleben und wieder austreiben? Können sich daraus noch einmal neue Knospen entwickeln? Sie konnten es immer wieder und in wunderbarer Fülle.

Nun, da ich den Garten mit neuen Augen sehe, hat sich auch mein Blick auf die Rosen verändert. Als ich im Laufe des Sommers wieder und wieder

die einzelnen Stöcke anschaute und die verwelkten Blüten abschnitt, bemerkte ich, dass es nicht nur bei Farbe, Größe und Form Unterschiede gab: Einige der alten Sorten verströmten ihren betörenden Duft nur einen Tag, dann fingen die Blütenblätter bereits an zu welken. Andere blühten viel länger, dafür dufteten sie kaum. Welch eine Vielfalt, die im Laufe von Jahrhunderten durch immer neue Züchtungen und Kreuzungen entstanden ist! Auch wenn die Rose für mich nach wie vor nur *eine* der „Königinnen“ des Gartenreichs ist, verstehe ich mittlerweile die besondere Sorgfalt und Liebe, die dieser Blume entgegengebracht wird.

Im Spätsommer verändert sich der Garten ein weiteres Mal. Einige Gladiolen mit ihren üppigen Blüten ragen noch trotzig in die Höhe. Und während sie diesen Wettkampf meist gegen die hohen leuchtend gelben Sonnenblumen und auch gegen manche hochgewachsene Dahliensorte verlieren, bestechen Dahlien und Gladiolen wiederum mit einer großen Farbenpracht, die von einem schlichten Weiß bis zu einem wunderbaren Purpurrot alles bietet.

Dennoch kommt jedes Jahr um diese Zeit bereits ein wenig Wehmut auf. Blumen, die mich seit dem Frühjahr im Garten begleitet haben, verwelken und wachsen nicht mehr nach oder haben weniger Kraft: Die Stängel sind schwächer, die Blüten kleiner – Zeichen dafür, dass sich die Sommerzeit, die Zeit der Blüte, ihrem Ende zuneigt. Die Tage werden kürzer, die Sonnenstunden nehmen ab.

Der Garten der Ernte und des Wandels – *Herbst*

Immer wieder hat sich der Garten im Laufe des Jahres verwandelt. Das ist kein „Alleinstellungsmerkmal“ des Herbstes, und doch geschieht hier die Verwandlung auf eine besondere Weise. Der natürliche Jahresablauf verspricht die Zeit der Belohnung für die Mühen des landwirtschaftlichen Jahres. Auch in Nutz- oder Mischgärten lässt sich in dieser Jahreszeit das eine oder andere ernten. Von meinen Blumen heißt es dagegen meist Abschied zu nehmen.

Für Landwirte und Winzer also beginnt die Zeit der Ernte. Auf einen meiner Onkel traf beides zu. Bei der Kartoffelernte halfen auch meine Mutter und ihre Geschwister. Ich sehe mich als kleines Mädchen mit an einem Kartoffelfeuer sitzen und den Tag mit einem gemeinschaftlichen herzhaften Essen beschließen.

Bald danach bekamen auch wir unseren Vorrat an Kartoffeln. Der Besuch meines Onkels erinnerte an den des hl. Nikolaus. Der kräftige Mann mit dem schweren Jutesack auf dem Rücken brachte „seine Gaben“ allerdings viele Stufen hinab in den Keller.

Kartoffeln wurden in unserer Gegend früher selten pfundweise eingekauft. Sie wurden eher zentnerweise über den Winter in offenen Holzkisten gelagert. Die Lagerräume waren in der Regel dunkel und kühl, damit die Kartoffeln möglichst essbar blieben und wenig keimten. Eine gute Kartoffelernte war wichtig und versprach eine lange Haltbarkeit. Bei einer schlechten mussten kleinere Mengen dann für teures Geld nachgekauft werden.

Es gab durchaus auch immer Reis und Nudeln als Beilagen, aber Kartoffeln waren eindeutig das Hauptnahrungsmittel meiner Kindheit, sei es in Form von Salz-, Brat- oder Pellkartoffeln. Pommes frites dagegen wurden erst später populär.

Deutlichere Erinnerungen habe ich an die Traubenernte oder Traubenlese, wie sie in unserer Ge-

gend genannt wird. Der Wein spielte und spielt in unserer kleinen Stadt immer eine wichtige Rolle, wirtschaftlich und gesellschaftlich. Das zeigt sich auch daran, dass es bereits 1950 ein Weinfest mit der ersten Weinkönigin des Ortes gab, die damals aus einer Winzer- oder Küferfamilie stammen musste.

Die Trauben wurden im Unterschied zu heute fast ausschließlich per Hand gelesen – eine zeitaufwendige Arbeit. Eine solche Handlese gibt es mittlerweile nur noch selten, etwa bei sehr schrägen Weinhängen. Damals aber wurden die zahlreichen Helferinnen und Helfer täglich im Anhänger in die Weinberge gefahren. Für die Erwachsenen und für die älteren Kinder und Jugendlichen wa-

ren diese Wochen im Herbst eine gute oder sogar die einzige Möglichkeit, nebenher etwas Taschengeld zu verdienen. Und für Kinder im Schulalter gab es für die Weinlese sogar zeitlich angepasste Herbstferien. Bereits daran kann man erkennen, welchen Stellenwert der Weinbau hatte.

Wahrscheinlich wollte meine Mutter mich nicht alleine zu Hause lassen, auf jeden Fall durfte auch ich mit in die Weinberge und „helfen". Für mich war es eine spannende Erfahrung: Ich sah meinen Onkel, der mit einer großen Bütte (Kiepe) durch die Reihen ging, sodass die Erntehelferinnen und jungen Erntehelfer ihre vollen Eimer hineinleeren konnten. War die Bütte voll, wurde sie in einen Anhänger geleert. Auch mein älterer Cousin war mit einer kleineren Kiepe unterwegs. Ich war sicher noch zu klein, um richtig mitzuhelfen, aber ich konnte die eine oder andere Weintraube ganz unten an der Rebe erwischen. Vor allem aber sammelte ich die kleinen „Perlen" ein, die auf den Boden fielen. Nie werde ich den Spruch meines Onkels vergessen: „Achtet auf die ‚Pergelchen', damit nicht zu viele herunterfallen und zertreten werden." Für diese „Pergelchen" fühlte ich mich zuständig.

In der Mittagspause gab es zu trinken und reichlich Brote, manchmal auch eine Suppe. Und abends dann die ersehnte Bezahlung nach geleisteten Arbeitsstunden. Die Erwachsenen bekamen einen höheren Stundenlohn als die Jugendlichen, und ich bekam wohl den einzigen „Kinderlohn". – Mein erstes selbst verdientes Geld!

Noch heute gibt es zahlreiche Weingüter, die bekannte Lagen bewirtschaften. Eines grenzt direkt an die schmale Gartenseite. Der Wein ist nicht nur für die örtlichen Winzerinnen und Winzer wichtig, er prägt auch das Bild unserer Stadt. Straußwirtschaften, kleinere und größere Feste rund um den Wein, kulturelle Veranstaltungen mit Weinverkostungen (Weintastings) locken Besucherinnen und Besucher aus der näheren und weiteren Umge-

bung an. Die Verlegung des ökumenischen Erntedankfestes in die Zeit nach der Traubenlese hat Tradition und zeigt: Auch für diese guten Gaben soll dem Schöpfer gedankt werden.

In meinem Garten ändern sich nun die Farben. Zwar sind noch einige Rosen und Astern zu bewundern, die sich tapfer dem nahenden Winter widersetzen. Es ist jedoch nur ein schwacher Abglanz der Pracht, die den Garten wochen-, ja monatelang in ein Blütenmeer verwandelt hat.

Während nach der Ernte und Weiterverarbeitung für die Weinbauern und Landwirte ein etwas ruhigeres Leben beginnt, ist die Gartenzeit noch nicht vorbei. Aber auch im Garten fangen die Vorbereitungen für die winterliche Ruhezeit an.

Der Garten der Ruhe
Winter

Wo sind die Zaubertage geblieben, die viele Jahre lang alles in ein Frau-Holle-Land verwandelten? Ich gebe zu, als ich gezwungen war, mit dem Auto zur Arbeit zu fahren oder frühmorgens den Schnee von den Gehwegen zu kehren, hielt sich meine Begeisterung für Eis und Schneeflocken in Grenzen. Dennoch, eine unberührte Schneedecke, die den Garten seltsam verfremdete und eine ganz besondere Stimmung hervorbrachte, als hätte das Verhüllungspaar Christo und Jeanne-Claude vorbeigeschaut, das war schon etwas ganz Besonderes.

Wenn die Temperaturen niedrig blieben, konnte ich Tag für Tag mehr Spuren entdecken. Die klei-

nen Krallenfüßchen der Vögel und die Pfotenabdrücke der Katzen bezeugten die tierischen Besucher. Bezaubernd schön war der Garten, wenn die kalte Wintersonne den Schnee glitzern ließ oder sie sich im Eis widerspiegelte, das sich um Äste und Zweige gelegt hatte.

Manche Wintergedichte vergleichen den Schnee mit einem Leichentuch, das die Landschaft zudeckt. Doch der Vergleich hinkt. Denn in Wirklichkeit ist es ja keine Leichenstarre, sondern, wie es ein Weihnachtslied ausdrückt: … still und starr *ruht* der See.

Es ist eine Ruhe, die nicht nur der menschliche Körper, sondern auch die Natur braucht, um Kraft zu schöpfen.

Selbstverständlich kann ein zu starker Frost, ebenso wie eine zu große Hitze, die Natur auch zerstören. Aber ich habe gelernt, wie viel Pflanzen aus eigener Kraft überstehen können.

Dieses winterliche Kleid, in das die Natur die Landschaft – je nach Sichtweise – hüllt oder sie bedeckt, hat in den letzten Jahren Löcher bekommen: Es gab nur wenig Schnee und wenn, dann schmolz er nach wenigen Stunden. Der Zauber verflog allzu schnell.

Von meinen Eltern habe ich die Prophezeiung: Wenn der Boden im Winter nicht kräftig durchfriert, dann gibt es im kommenden Sommer eine Ungezieferplage.

Der Winter also als Zeit der Ruhe und des Kräftesammelns für neues Wachstum. Schon als Kind habe ich mir vorgestellt, wann und wie es dann wohl unter der Erde mit dem Keimen und Wachsen losgeht, während die Oberfläche noch nichts von alldem erahnen lässt. Ob es vielleicht ein Kinderbuch war oder ob einfach meine kindliche Fantasie mir einen Blick unter den kalten, nassen Winterboden schenkte, ich weiß es nicht mehr. Aber ich sehe diese Bilder noch deutlich vor mir: die Keime und die winzig kleinen Pflänzchen, die mit all ihrer zarten Kraft die Erdkrumen zur Seite schieben oder sich mühsam durch sie hindurch-

arbeiten. Sie ersehnen das Licht, wie auch wir Menschen nach den schönen adventlichen und weihnachtlichen Zeiten nun wieder die längeren Tage und das Grün der Natur erhoffen.

Während die Christrosen, die meistens in meinem Garten später blühen, als es der Name und die Angebote in den Blumenläden erahnen lässt, sich in das winterliche Bild einfügen, bilden die bunten Stiefmütterchen eher einen Kontrast zur üblichen Stimmung.

Beim Kauf dieser winterfesten Blumen für unser Familiengrab, die pünktlich vor Allerheiligen am 1. November gesetzt werden, nehme ich auch immer einige für den Garten mit.

Sie schenken neben den immergrünen Nadelhölzern und der einen oder anderen „eingefrorenen“ Rose in den oft tristen Wintertagen dann mit ihren großen, meist bunten Blüten seltene Farbtupfer.

Sowohl die Stiefmütterchen als auch die kleineren Hornveilchenschwestern trotzen Kälte und Schnee und erfreuen uns viele Wochen, ja Monate.

Und damit endet oder beginnt ein neuer Jahreskreis …

Der Garten – ein Lehrmeister für das Leben?

Am Morgen gilt mein erster Blick aus dem Fenster in der Regel dem Wetter. Das wird vielen so gehen. Ist der Himmel blau oder grau? Sind das Garagendach und der Hof trocken oder vom nächtlichen Regen noch nass? Oder fällt gar gerade ein Regenschauer vom morgendlichen Himmel?

Hier hat sich meine Sichtweise verändert: Während ich mich früher über jeden Sonnentag gefreut habe, blicke ich in den heißeren Monaten oder nach längeren Trockenperioden jetzt manches Mal sehnsuchtsvoll zum Himmel, weil die Pflanzen nach Wasser lechzen. Gibt es ein paar Wolken, die das ersehnte Nass verheißen?

Der nächste Blick aus dem Zimmer im ersten Stock gilt dann gleich dem Garten. Es ist eine besondere Perspektive, die sich da aus mehreren Metern Höhe bietet. Die vielen bunten Punkte sehen aus, als hätte Claude Monet sie kunstvoll hingetupft.

Selbst im Winter kann man den einen oder anderen farbigen Klecks erkennen. In diesem Jahr habe ich beim Kauf von winterfesten Pflanzen zum ersten Mal mitbedacht, wie sie wohl von oben aussehen: Können sie als morgendliche „Muntermacher" dienen?

Gartenbaden

Ein Muntermacher ist für mich dann auch ein kurzer Gang durch den Garten – noch vor dem ersten Kaffee. Zunächst hat es sich eher zufällig ergeben, als „Bestandsaufnahme" der anfallenden Arbeiten. Aber mittlerweile ist dieser kleine Rundgang mehr. Zwar schaue ich immer noch ein wenig darauf, an welchen Stellen Unkraut gejätet oder etwas abgeschnitten werden muss, aber der Blick hat sich gewandelt. Er gilt nun in erster Linie dem neuen Grün, das sich aus dem Boden wagt, dem Farbenspiel auf dem morgendlichen Tau oder der kleinen Blüte, die gestern noch vollständig geschlossen war.

Kurz: Ich nehme mein erstes „Gartenbad“. Gartenbaden. Dieses Wort ist angelehnt an das vor einigen Jahren aus Japan „eingeführte“ Waldbaden. Für mich heißt es: nicht nur im Garten arbeiten, sondern den Garten mit allen Sinnen wahrnehmen – und genießen.

Und tatsächlich ist es so: Sobald ich vor die Haustür trete, verändert sich etwas in mir. Nicht allein der Blick wandert in Richtung Garten, meine ganze Haltung richtet sich nach ihm aus. Ich werde ruhiger, und meine Gedanken schweifen nicht mehr so häufig ab, sondern konzentrieren sich auf das, was ich wahrnehme. Ich werde achtsam für die kleinen Wunder, die sich mir hier zeigen, für die vielfältigen Farben und Formen der Blumen und Sträucher.

Der „Garten Eden“

Eine Entdeckung: Ich buddele gerne in der Erde – beim Pflanzen, beim Unkrautjäten und auch beim Umgraben. Und ich habe gelernt, dass Gartenerde etwas ausgesprochen Wertvolles ist. Ich gehe sorgsam damit um, wenn ich Wurzeln oder Zwiebeln von der Erde befreie.

Ich frage mich: Warum macht es schon kleinen Kindern so viel Spaß, im Sand zu spielen, Burgen zu bauen oder Sandtorten zu backen? Und warum habe ich schon in der Schule gerne mit Ton gearbeitet, geknetet und gestaltet? Woher kommt diese Faszination?

Es gehört zu den alten Menschheitserzählungen, dass Gott den Menschen aus Lehm gestaltet hat. Ebenso wie die Geschichte vom Garten Eden, in den Mensch und Menschin hineingesetzt wurden. – Der Garten als Anfangsort. Lässt uns diese Urgeschichte nicht erahnen, wie eng unser Leben und unser Menschsein mit der Natur, mit der Erde verbunden ist? Wir sprechen nicht umsonst von „Mutter Erde“. Und war der „Garten Eden“ in seinem Ursprung nicht ein Ort, an dem es keine Arbeit gab? Alles war Geschenk.

Im Garten können wir wieder zu *Kindern* werden, die staunen, schauen, graben und gestalten, die träumen und selbstvergessen genießen, selbst wenn sie etwas „tun“. Kinder finden immer Neues, sind offen für Veränderungen. Vielleicht ist dies *ein* Grund, warum der Garten für viele so faszinierend ist: Wir entdecken dort einen schon verloren gegangenen Teil unseres Selbst wieder.

Schule der Achtsamkeit

Neues entdecken. Wieder muss ich an die Malerei des Impressionismus denken und an einen Freund, der gerne Aquarelle malte. Bei einem Spaziergang zeigte er auf einen schönen, von der schrägen Nachmittagssonne beschienenen Waldhang. „Schau dir mal die vielen unterschiedlichen Grüntöne an, die allein in diesem Ausschnitt zu finden sind.“ Dabei umgrenzte er mit beiden Händen einen möglichen Bildausschnitt. „Es ist fast unmöglich, in einem Aquarell eine solche Farbenvielfalt darzustellen.“

Und jetzt sah ich es auch: ein ganz helles Grün, ein grüngelber Farbton, ein sattes Moosgrün und viele, viele andere. Es waren unzählige Nuancen, die sich durch Sonnen- und Schattenflächen, durch Gras- und Moosflächen und all die verschiedenen Baum- und Blätterarten vor mir auftaten.

Kann man Achtsamkeit lernen? Ich glaube schon. Mir hat der Garten auf jeden Fall geholfen, achtsamer zu werden: für Wachsen und Reifen, für Werden und Vergehen. Für die Artenvielfalt der Pflanzen – auch für die „Wildblumen". Für Sonne und Regen. Und mein Blick ist weiter geworden.

Auch für Veränderungen. In jedem Jahr sieht der Garten anders aus. Tulpen oder Sonnenblumen, wundersame kleine blaue Blütchen, Wildblumen, ja selbst kleine Büsche wachsen wie von Zauberhand gepflanzt an ganz neuen Orten und setzen besondere Akzente.

Er entwickelt sich weiter. Es ist immer wieder spannend, diese Veränderungen wahrzunehmen.

Nicht alles ist, wie es auf den ersten Blick scheint. Manches Mal ist es nötig, regulierend einzugreifen, und manches Mal ist es schmerzlich. Wie bei einem Kind, dem man auch Grenzen setzen muss, um es auf das Leben vorzubereiten. Es ist nötig, wuchernde Pflanzen zu beschneiden und unter Umständen auch ganz zu entfernen. Ebenso unliebsames „Unkraut“.

Wie radikal manche Pflanzen heruntergeschnitten werden müssen, erfahre ich regelmäßig bei meinen Rosen. Aber nur so können sie wieder ihre volle Pracht entfalten. Die Fliederbäume mussten beschnitten werden, weil die alten Stämme teilweise krank oder abgestorben waren. Und der Forsythienstrauch verliert seine schöne Form und wächst mit einzelnen Zweigen bereits in die nächste Pflanze. Korrektur ist nötig.

Wo braucht der Garten Unterstützung, ohne dass er seinen Charakter verliert?

Veränderungen gibt es immer wieder. Im Garten wie im Leben. Es ist an uns, mit ihnen richtig

umzugehen. Es ist ein Zeichen von Achtsamkeit, die Dinge zu hinterfragen, ihnen auf den Grund zu gehen. Bewahren ist wichtig – aber auch Loslassen, um Neuem Raum zu geben.

Loslassen – das hat auch mit Altern zu tun. Die Bäume und Büsche lernen im Herbst loszulassen. Sie machen sich bereit, wohl wissend, dass dies zu ihrem Dasein gehört. Loslassen ist notwendig, um Verwandlung zu erleben.

Achtsam umzugehen mit der Natur, mit Pflanzen und Tieren – und mit den Menschen. Das Wahrnehmen von Wachsen und Blühen, Reife und Verwandlung. Lernen, geduldig zu sein und nichts zwingen zu können. Und die Neugier auf Neues, die uns Erwachsenen manchmal verloren gegangen ist …

Der Garten – ein Lehrmeister für das Leben.

Ein Sehnsuchtsort – der Garten meiner Träume

Mehr noch: Der Garten ist ein Sehnsuchtsort – zumindest für mich. Ein Schritt vor die Tür und schon bin ich in einer anderen Welt, in der ganz andere Maßstäbe herrschen. In der vieles, was mir sonst wichtig erscheint, relativiert wird. In der ich träumen und nachdenken kann. Meine Gedanken kreisen nicht mehr um das tägliche Klein-Klein, mein Geist scheint freier und weiter, und meine Träume finden ihren Weg leichter als an den meisten anderen Orten.

Die Zeit scheint aufgehoben. Es ist, als ob auch hier Meister Horas Reich beginnt, von dem Michael Ende in seinem Märchenroman „Momo" erzählt. Und manches Mal erblühen auch mir die wundersamen Stunden-Blumen und ermöglichen einen Blick ins eigene Herz.

Warum mag das so sein? Wecken die im Überfluss geschenkten Farben, Formen und Düfte unsere Fantasie? Schenken sie uns ein wenig Ruhe und Entspannung von unseren kleinen und großen Sorgen? Es scheint so. Ein Urlaub en miniature – wenn ich es zulasse.

Doch nicht nur im übertragenen Sinne. Denn Schmucklilien und einige andere hier im Garten heimische Pflanzen habe ich auch beim Besuch eines Botanischen Gartens auf Teneriffa entdeckt. Und so wandern meine Gedanken in die Vergangenheit – entlang jenes alten Gartens in Puerto de la Cruz – und spannen träumend den Bogen zum nächsten Urlaub.

Aber es werden auch immer wieder Erinnerungen an meine Eltern und die Tage der Kindheit wach. Und sie führen mich zu der vorausschauenden Frage: Wird der Garten auch der nächsten oder übernächsten Generation noch Freude schenken, oder wird er einem Bauprojekt weichen müssen? Wird man seinen Wert, seine besondere Gabe an die Menschen erkennen? Werden auch andere dem rustikalen Charme des Gartens erliegen?

Wie mag er sich in den nächsten Jahren verändern? Beim Spaziergang durch die Stadt faszinieren mich seit vielen Jahren im Frühjahr immer wieder die überreich blühenden Magnolienbäume. Besonders gefallen mir die großen zartrosafarbenen Blüten. Fast ebenso lange träume ich von einem solchen Magnolienbaum im eigenen Garten. Bisher war es bei diesem Wunsch geblieben, aber ich spüre, dass ich immer mehr bereit werde, nicht nur den vorhandenen Bestand zu pflegen, sondern auch eigene Akzente zu setzen, Neues zu wagen …

Und während ich diese letzten Zeilen schreibe, beginnt auch im ewigen Kreislauf der Natur wieder Neues. Der Winter hat seine Kraft verloren. Die Erde ist bereit, ihr Grün zu spenden. Die Krokusse, Tulpen und Narzissen tupfen ihre ersten Farben in das neue Bild und machen Hoffnung auf Licht und Wärme …

Ein Sehnsuchtsort.

Mein Garten!